U0173511

小学生
趣味
大科学

植物的旅行
种子

恐龙小Q少儿科普馆 编

吉林美术出版社 | 全国百佳图书出版单位

目录

借助风的力量去旅行

蒲公英

- 多年生草本植物
- 又叫黄花地丁、婆婆丁、地丁
- 广泛生长在中、低海拔地区的山坡、草地、路边、田野、河滩

我是蒲公英，在乡间的田埂、小路旁都可以见到我，城市的公园里也有我的身影。

我黄色的花瓣在白天张开，夜晚合拢。等花瓣们枯萎掉落后，花托上就会长出白色的绒球。绒球由很多“降落伞”组成，风轻轻一吹，它们就飞走了。

每个“降落伞”下都有一粒种子，它们将会随着风四处流浪。如果掉落到适合生长的地方，种子就会在那里扎根、生长。

垂柳

- 落叶乔木
- 又叫垂杨柳、柳树
- 生长在道路旁、水岸边，既耐水湿也耐干旱。可用于河岸防护，园林绿化

我是垂柳，我的雄株借助风来传播花粉，雌株在受粉后会长出穗状花序，花序上的每一朵小花都会长成一个蒴（shuò）果。

蒴果会在成熟时裂开，里面的白色茸毛便携带芝麻粒般的种子随风飘舞。风能吹多远，我的种子就能飞多远。

自古以来，杨、柳不分家，在传播种子这件事上，杨树采取了和我一样的策略——让风带着种子去旅行。

风中的草原流浪汉

风滚草

- 一年生草本植物
- 又叫刺沙蓬、猪毛菜
- 生长在河谷、沙漠、戈壁

我是风滚草，也被人们称为“草原流浪汉”。

在广袤的戈壁上，我常常会变成一团枯草在风中滚动。

当居住的地方水分不足时，我就要为种子寻找新的落脚点。

于是我将根部折断，在风的帮助下离开了那里。

为了找到水分，我走出戈壁，随风来到了乡间小路上、田地原野间。

我的身体足够大，和同伴集体滚动时就组成了一支庞大的队伍。

一阵大风吹过，我们就会随风滚动，很有可能堵在公路上、家门口，因此常常给人们带去麻烦。

在滚动时，我的种子会随时掉落。

一旦有了水分，我的种子就能冒新芽，然后发新枝，开出小小的花朵。

花朵枯萎后，种子还没有掉落，它要遇到震荡才会离开母体。

我能吸收大量水分，还会和原生植物、农作物争夺土壤中的养分，同时还可能夹带着危害农作物的虫子，因此我被有些国家列为需要消灭的入侵物种。

我的花朵很小，颜色很淡。

种子就夹在干枯的花朵里。

主体和根部之间断裂。

我和我的伙伴们堵在你家门口。

小小的翅膀在翻飞

槭树

- 乔木或灌木
- 又叫枫树、红枫、青枫
- 多生长在海拔 800 米以下的低山丘陵和平地，可作庇荫树、行道树或园林中的伴生树

羽毛槭

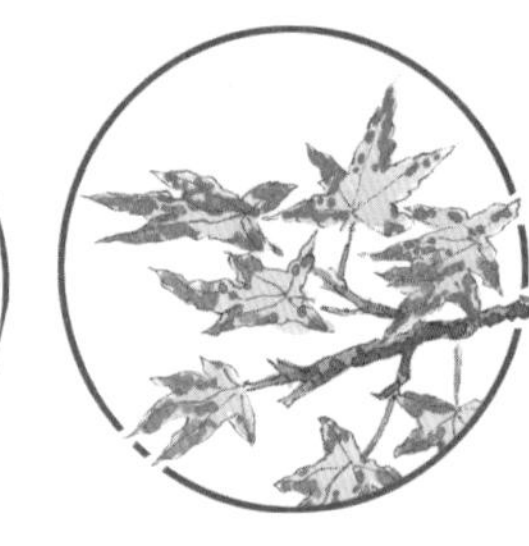
扇叶槭

三角槭

是秋天要来了吗?

我是槭（qì）树，因美丽的叶子而深受人们的喜爱，人们根据叶子的形状为我起了各种名字。

名胜古迹里常有我的身影。云南的华严寺内，有一棵距今已 400 多年的五裂槭。

秋天时，我的叶子会变成深浅不一的红色，在枝条上随风飘动，姿态优美。

是呀。你看，天空中有好多小小“鸟”在飞呢。

我的每一颗果实都拥有小鸟一样的翅膀，在我展现红叶之前，它们就已经悬挂在枝头了。

当果实成熟后，它们的身体会变得轻盈。一阵风吹来，小小的翅膀带着它们在空中滑翔、飘飞、翻转。

风停时，果实也停了下来，它们的小翅膀便完成了使命。

来年春天，它们便能成长为一棵棵新的槭树。

像这种长了小翅膀的果实，人们称之为“翅果”。榆树和椿树的果实也是翅果，种子就被包裹在绿色薄翅状的盘子里，成熟时它会变得干燥、轻盈，风一吹便会从树梢飞走、散落各地。

漂洋过海去安家

椰子

- 常绿乔木
- 又叫可可椰子、越王头
- 在低海拔地区生长，最适宜椰子生长的土壤是海洋冲积土和河岸冲积土

我是椰子，我将开启一段里程长达 4800 千米，时间跨越 110 天的海上漂流之旅。

洋流和风将帮助我找到新的海岛，我会在那里生根、生长、繁衍后代。

我的果壳共有三层，最外层的果皮像皮革一样坚硬，保护我免受风浪的侵袭；

中间的果皮是富有弹性的纤维层，保护我从高处跌落时种子不会被摔坏；

里层是骨质层，它非常坚硬，可以保护我的种子和种子的养料。

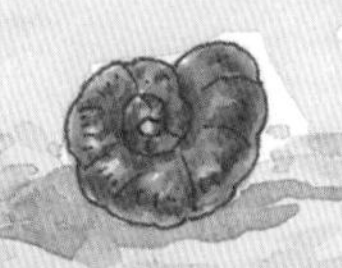

椰肉和椰汁被包裹在坚硬的果壳内部，为胚芽的生长积蓄营养和水分。

在长长的旅途中，原先隐没在椰肉里的胚芽渐渐长大了，它从椰肉和椰汁那里获取了营养和水分。

在坚硬的椰壳上有三个萌发孔，其中一个萌发孔与胚相对，胚芽萌发时便从这个孔穿出。

水上漂流日记

红树

- 常绿灌木至小乔木
- 又叫鸡笼答、五足驴
- 生长在海浪平静、淤泥松软的浅海盐滩和海湾内的沼泽地，可用于海岸防护

我是红树的果实，在离开母体前我就已经吸取养分，发育成棒状的胚轴了。

胚轴成熟后就会从树上掉下来，插入母树周围的软泥中，用不了多久就能长出侧根，将幼苗固定在滩涂上，人们把这种繁殖方式称为植物的“胎生”。植物的胎生与哺乳动物出生前就在母体中进行发育类似。

我的祖先长期生长在海水冲刷的环境中，或者是极度缺氧的高盐度沼泽区，因此种子没有稳定的萌发环境，又缺少发芽必需的氧气。于是，它们进化出了胎生的办法。

真不凑巧，我落下的时候正好冲过来一小股海浪，我没能顺利地插进软泥中。

进入水中之后，胚轴表皮的单宁可以防腐，同时能避免被水中的动物吃掉。

胚轴的内部有间隙且充满空气，能浮在水面上，因此我可以在海水中漂流 3 个月。

一旦被水流冲到合适的泥滩，我就会在那里扎根，生长发育。

啪，把种子射出去

凤仙花

- 一年生草本植物
- 又叫指甲花、急性子、凤仙透骨草
- 是常见的观赏花卉，也是著名的中药材，它的茎、花及种子均可入药

我是凤仙花，有粉红、红、紫、白等多种颜色，你会在很多庭院里见到我。

我通过主动弹射种子的方式繁衍后代。当我的果实完全成熟后会裂开，裂开时的果皮会向内卷缩，然后突然向外伸展，将里面芝麻状的种子弹射出去。如果气候适合，当年我就能开花结果，所以我又被称为“急性子”。

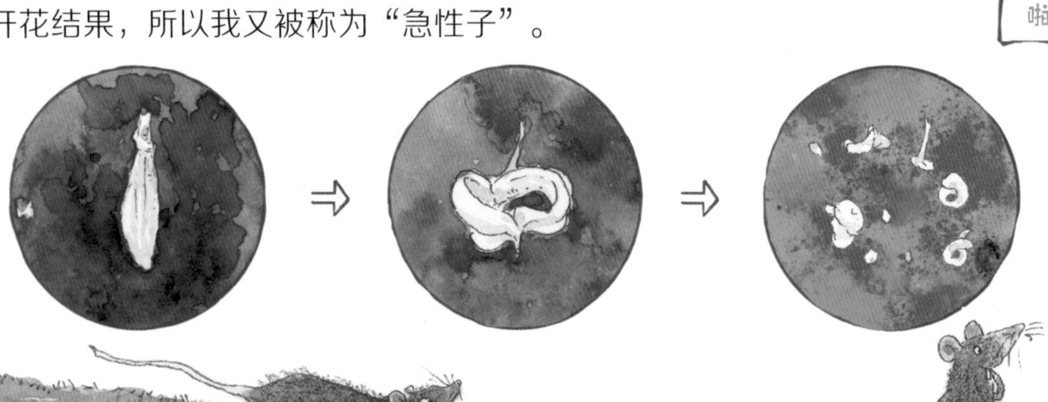

喷瓜

- 多年生匍匐草本植物
- 常生长在干旱的山坡、草地，可以用来装饰篱栅、墙垣

我是喷瓜，和凤仙花一样，也有主动传播种子的技能。

不过，我的种子不是被弹射出去的，而是被喷出去的。

我的果实成熟后，包裹种子的果肉组织会变成黏黏的液体，挤满果实内部。

这时，如果你轻轻触动，果实就会从果梗上脱落，同时“砰”一声从内部喷出种子和液体。

我的果实的射程在5米以上，因此它被人们称为“最有力气的果实”。

一夜爬行一厘米

野燕麦

- 一年生草本植物
- 又叫乌麦、铃铛麦、燕麦草
- 生长在山坡、草地、路旁及农田边，可以用作牛、马的饲料

我是野燕麦，常常生长在麦田里。

我在生长时要消耗掉比小麦多得多的水分。有时，我的种子成熟后会混杂在小麦粒里，使麦子的质量降低。

我的种子的外壳上有一根芒，芒的中间位置有像人类膝盖一样可以弯曲的关节，“关节”将芒分为芒针和芒柱两个部分。芒平时是弯曲的，它对空气中的干湿程度很敏感。当空气湿润时，芒柱因不断吸收水分而膨胀，随即产生旋转。芒针在芒柱的带动下也朝同一方向旋转，于是弯曲的芒便伸直了。

我的种子的外壳上还有细硬的毛刺，毛刺都是向着芒生长的方向倾斜，形成倒刺，起着定向的作用。所以，当芒伸展时，种子会向前挪动；芒弯曲时，种子却不能向后退。

种子在芒的不断伸曲中一点一点向前爬行，一旦遇到土壤的缝隙就钻进去，等到第二年再发芽。

我的种子爬行的速度非常慢，一个昼夜的干湿交替只能让它前进一厘米。大部分种子会在收割麦子前就已经躲进土壤里了，所以农民伯伯们总拿我没办法。

皮毛上的偷渡者

我是苍耳，今天是我的果实成熟的第一天。看到我果实表面的刺了吗？这些刺有钩，而且硬硬的。

一只披着白毛的兔子蹦跳到我身边，它对我毫无防备。在它无意间蹭到我的茎干时，一颗果实掉到了它的身上，成功用刺钩住了它的皮毛。

接下来，我的果实会随着这只兔子去旅行，它也许会经过一片草地、一条河流。

果实在兔子不经意的“剐蹭”中掉落，一段时间后便会生根发芽，长成一株新的苍耳。

一只小鹿踱着步子从我身边经过，位置较高的一颗果实挂在了它的腿上。

为我携带果实、传播种子的游客还有很多，比如土拨鼠、野猫、狐狸、浣熊、刺猬等。

果实钩挂在它们的皮毛上面被带走，跟随它们从山坡奔向平原，从田野去往丛林。

当你在丛林里游玩时，我的果实说不定就偷偷挂在你的裤脚上了，它被你带到别处，甚至带到家里。

不过，楼房可不是果实的好去处，那里没有适合种子们生长的土壤。

属于松鼠的秘密

松树

- 一般为常绿乔木，很少为灌木
- 又叫常青树
- 大部分松树都有很高的观赏价值，如黄山的迎客松、华山的华山松、长白山的美人松等

我是松果，是松树的果实。在我还没有完全成熟时，松树的种子——松子，被我紧紧地包裹在鳞片一样的果皮内。

等我完全成熟时，果皮会因失去水分而变薄、裂开，松子就会被风吹走，或者跟随我从树上掉落。

掉落到地上的松子，在合适的条件下会生根、发芽。

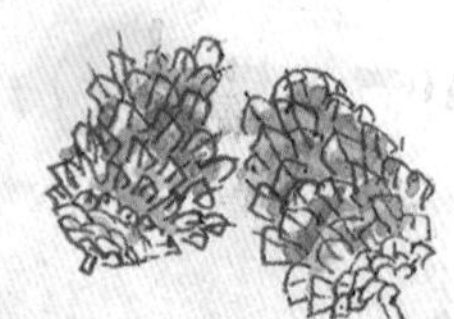

那些还没有掉落到地上的松果，以及落在地上但还没有发芽的松果，会迎来一段曲折的旅程，因为它们遇到了不速之客——松鼠。

秋天到来时，松鼠们开始贮备过冬的粮食。它们从森林各处收集已经成熟的松果、橡果、榛子、板栗等干果，并把这些干果藏到地下或树洞里。

一棵树上结出的松果就这样被松鼠东一处、西一处地藏了起来。

它们贮藏的食物太多，春天到来时还没吃完，于是，剩下的那些松果中的松子就发芽了。

在森林中，有些树完全依靠贮食动物来传播种子，比如红松。

如果人类过度采集干果，那么留给小动物越冬的食物就不多了，能够被剩下可以发芽的种子就更少了。

看，松子还没离开松果就发芽了。

与蝙蝠的甜蜜交换

无花果

- 落叶灌木或小乔木
- 又叫阿驵、红心果、蜜果
- 生长于热带和温带，树形优美，可以用作园林绿化及庭院的观赏树

我是无花果，但别误会，其实我也会开花。

我的花被包裹在果肉内部。切开一颗还未成熟的无花果，你就可以看到里面有很多小颗粒，小颗粒顶端生长着茸毛状的小花。

果蝠是体形最大的蝙蝠，有些种类的翼幅长达 2 米。它们以植物的果实为食，甜美的无花果是果蝠常吃的食物。

无花果被果蝠吞食后，果肉会被消化，但种子可以随着果蝠的粪便完好无损地排出。

经果蝠消化道“加工”过的种子，比直接取自无花果中的种子更容易发芽。

果蝠一夜能吞入相当于自身体重两倍的种子。它们在森林中边飞行边排便，一夜大约能飞行 37 千米，因此它们传播种子的能力是很厉害的。

告诉你一个秘密，一些无花果的内部，都曾有一只榕小蜂长眠于此。

不过别担心，早在无花果成熟前，死去的榕小蜂就已经被分解、吸收掉了。而且现在商业化种植的无花果并不需要榕小蜂传粉，所以你吃的无花果并不是榕小蜂的贡献。

蚂蚁的外卖

白屈菜

- 多年生草本植物
- 又叫山黄连、八步紧、断肠草
- 生长在山谷林缘草地、路旁、石缝中

我是白屈菜，有着羽状的叶子和黄色的花朵。如果折断我的茎干，会有黄色的汁液流出来。

我的蒴果呈窄圆柱形，里面排列着小小的种子。蒴果成熟后就会裂开，种子掉落到地面上。

我的每一粒种子的一侧都有一块白色的油脂状物体，被称为“油质体”，那是我为蚂蚁准备的外卖。

当一只工蚁发现我掉在地上的种子之后，它就会将种子带回蚁窝。

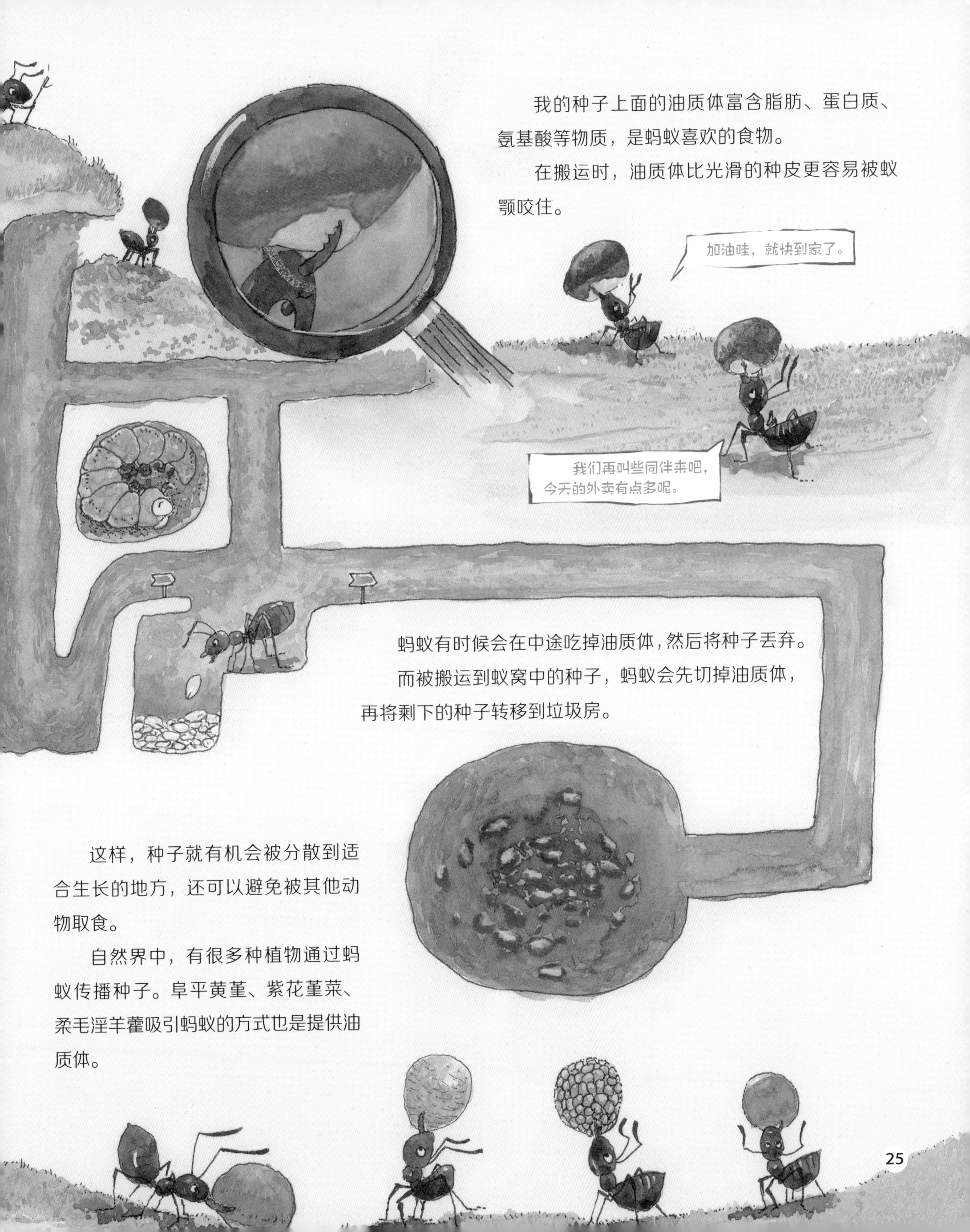

我的种子上面的油质体富含脂肪、蛋白质、氨基酸等物质，是蚂蚁喜欢的食物。

在搬运时，油质体比光滑的种皮更容易被蚁颚咬住。

蚂蚁有时候会在中途吃掉油质体，然后将种子丢弃。

而被搬运到蚁窝中的种子，蚂蚁会先切掉油质体，再将剩下的种子转移到垃圾房。

这样，种子就有机会被分散到适合生长的地方，还可以避免被其他动物取食。

自然界中，有很多种植物通过蚂蚁传播种子。阜平黄堇、紫花堇菜、柔毛淫羊藿吸引蚂蚁的方式也是提供油质体。

跟着鸟儿去远方

漂亮的浆果更吸引我。

红豆杉

- 常绿乔木
- 又叫红豆树、卷柏
- 中国特有树种，有“植物大熊猫”之称

我漂亮的果实也赢得了人类的喜爱。

我是红豆杉，是国家一级保护植物。

早在250万年前，我就已经在地球上生活了。

与我同时期出现的树种渐渐灭绝，而我却得以幸存。

秋天时，我的果实成熟，红色的颗粒在绿叶的衬托下尤为显眼，吸引着黑短脚鹎、红嘴蓝鹊、灰喜鹊等来啄食。

果肉为鸟儿提供营养，种子会随着鸟儿的粪便排出，散落各处后在适宜条件下萌发。

鸟儿们传播的种子，多为有果肉的浆果、核果和隐花果。

桃金娘、山黄麻、接骨草的浆果也有漂亮的颜色，以吸引鸟儿来啄食。

味道不错。

虽然鸟儿的消化道会损伤种子，但在种皮的保护下，总有部分种子可以完整地回到地面。

乌鸫鸟会将罗汉松或白玉兰的种子衔取至其他树冠上再吞食。在这个过程中，有些种子会掉落到地面上，这也是鸟类对种子的一种传播方式。

种子能被鸟儿带到多远的地方？这取决于鸟儿的活动范围和飞行距离。山雀的运送距离通常小于 0.1 千米，喜鹊的运送距离一般小于 0.5 千米，星鸦运送红松的距离可达 4 千米。

树与鸟的生死之交

我是卡伐利亚树。今天，我想讲一个悲伤的故事。

我的故乡在毛里求斯岛，那是一座美丽的火山岛。

16 世纪时，岛上到处是茂密的热带树木，其中也包括我，当地特有的高大乔木——卡伐利亚树。

然而到了 20 世纪末，岛上的卡伐利亚树却所剩无几，仅有一些百年老树还屹立在那里。

几百年的时间里，尽管我年年开花、结果，却无法让种子在土壤中萌发，长出新的幼苗。

这一切还要从我的老邻居——渡渡鸟的灭绝说起。

17 世纪前后，欧洲殖民者相继来到了毛里求斯岛，他们将卡伐利亚树作为优质的木材大量出口。

此外，他们还大量捕杀渡渡鸟，他们带来的家畜毁坏了渡渡鸟的巢穴，捕食它们的雏鸟和鸟蛋，使渡渡鸟的数量急剧减少。

但他们不知道的是，我的种子需要经过渡渡鸟的胃消化后才能萌发。

渡渡鸟是大型鸟类，它们的胃强健有力。我的种子的种皮又厚又硬，经过它们的胃消化后种皮会变薄，更容易发芽。

1681年，最后一只渡渡鸟离开了地球。

有人说，是人类活动导致了它们的灭绝；也有人猜测，是自然灾害破坏了它们的生存环境，人类活动只是加快了它们灭绝的速度。

我也不知道真正的原因到底是什么，只是渡渡鸟的命运与我紧密相连。

它们灭绝后，我的种子再也不能长成新的卡伐利亚树了，我几乎也要灭绝了。

但是幸好，科学家后来发现了我的种子的秘密。

如今，我的种子在人类的帮助下能再次发芽、生长、开花、结果了，可世上却再也看不见渡渡鸟的身影了。

在家门口生长

花生

- 一年生草本植物
- 又叫落花生、地豆、长生果
- 生长在气候温暖、雨量适中的沙质土壤中

我是花生，来自南美洲。我的果实是最常见的坚果之一，你一定吃过它。

大部分植物都会将果实暴露在空气中，好让它们通过各种方式传播到远方，可是我不一样。

我在植物界属于“懒惰” 一族，地上开花，却将果实结在地下。

我的祖先很早就发现，种子从土壤中直接吸取养料比暴露在空气中受风吹雨打更容易存活，于是进化出了地下结果的生长机制。

我的花朵在授粉成功后，子房柄会快速向下生长，同时变得粗糙、坚硬，之后钻入土中。子房在土壤中直接吸收养料，变得肥大，滋养种子生长。

冬天时，我的植株会枯萎、腐烂，而在地下的种子却可以在花生壳的保护下安全过冬。

但是在这种生长机制下，我的“扩张”速度极其缓慢，直到我遇到了人类。

人类将我的种子转移、栽培、改良，我才得以风靡全世界。

虽然人类是利用我的种子制作各种美食，但这是我扩大地盘必须做出的交换，不是吗？

孢子随风散落

蘑菇

- 大型真菌
- 又叫白蘑菇、双孢蘑菇
- 在阴暗、潮湿的地方生长

我是蘑菇。在超市的货架上，我通常和各种蔬菜摆放在一起。

但是，我和大部分蔬菜不一样，我没有叶和茎，所以我既不开花也不结果。

严格来说，我是大型真菌，有些品种可食用，有些品种则会致人中毒甚至死亡。

我体内没有叶绿素，不能进行光合作用，只能通过分解并吸收腐木、落叶、粪便、动物尸体等的有机物生长。

我没有花和果实，自然也没有种子，承担繁殖任务的是孢子。

孢子是一种有繁殖作用或休眠作用的细胞，离开母体后能直接或间接发育成新的个体。

它会不会有毒呢？

但是有些蘑菇是有毒的，所以一定要谨慎。

我没毒，但我不好吃，别吃我好吗？

咕嘟，咕嘟，我冒头了。

蘑菇一般由菌盖、菌柄、菌褶等部分组成，孢子就藏在菌褶里。

孢子成熟后，会随风散落在地上。

如果环境干燥、贫瘠，孢子就会进入休眠状态，当环境变得适宜时便会萌发。

如果环境适宜，孢子就会发育出网状的菌丝。菌丝会吸收水分和有机物，菌丝上的菌核随之长大，钻出地面，一两天就能长成一个新的蘑菇。

那些颜色鲜艳、有着特殊气味的蘑菇通常都有毒，它们吸引动物为其传播孢子，让自己的后代尽可能去到更远的地方。

地球上最古老的生物是孢子植物，主要包括藻类植物、菌类植物、地衣植物、苔藓植物和蕨类植物等。它们一般喜欢在阴暗、潮湿的地方生长。

块茎的复制、粘贴技能

土豆

- 一年生草本植物
- 又名山药蛋、洋芋、地蛋
- 全球第四大粮食作物，广泛种植于全球温带地区，对土壤的适应能力较强

我是土豆，我繁衍后代主要依靠的是地下的块茎，而不是果实。

我真正的果实是浆果，形状为球形，颜色为绿色或紫褐色，里面有 100—250 粒种子。

种子也能长成新的植株，但比起块茎，种子的发芽率和成活率都比较低。

植株通过叶片制造的大部分营养都贮存在块茎里。块茎富含糖、蛋白质以及大量的淀粉。

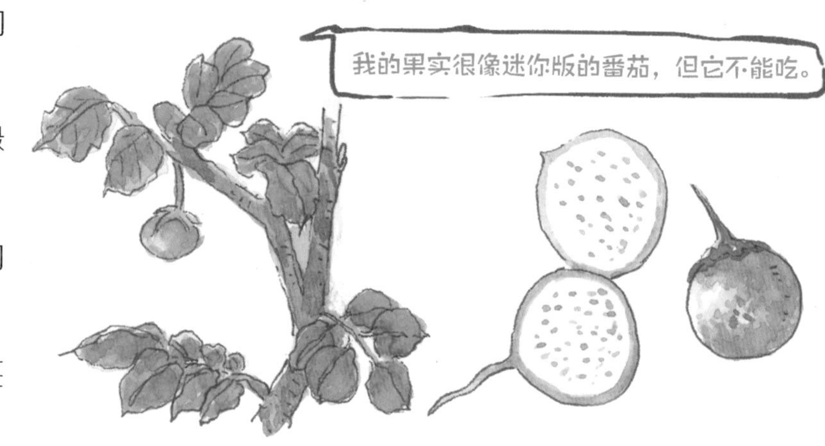

块茎表面有凹陷的地方，那是它的芽眼，在满足生长条件时，里面的芽就能萌发。

块茎身上的芽是有毒的，块茎变绿之后也会有毒，可不要误食哟。

由种子繁衍后代的方式属于“有性繁殖”。

由块茎繁衍后代的方式属于“无性繁殖”。

我来自南美洲，我能在土地贫瘠、昼夜温差大、日照时间短的环境中生长。比起其他粮食作物，我的产量高，而且容易管理，所以短时间内就在世界范围内得到广泛种植。

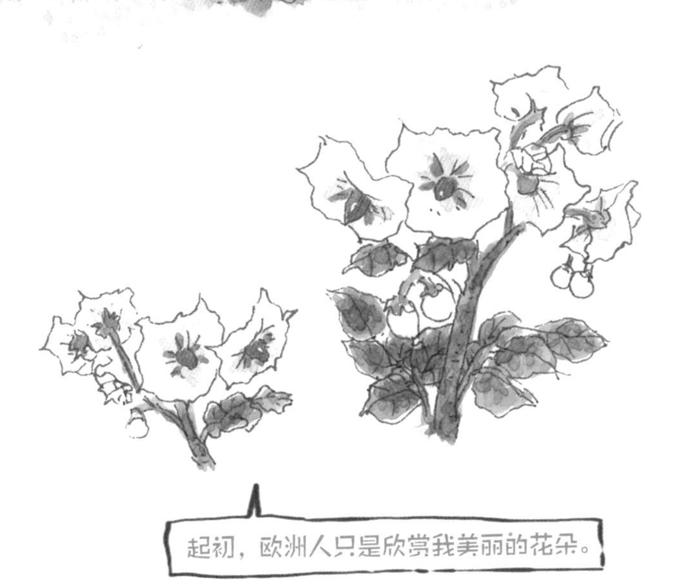

园艺家的宠儿——鳞茎

风信子

- 多年生草本植物
- 又叫洋水仙、五色水仙、时样锦
- 喜欢阳光充足和比较湿润的环境，在排水良好且肥沃的沙壤土生长

我是风信子，最早的栽培历史可追溯到15世纪。

人们欣赏我美丽的花朵、新奇的花色，我被广泛栽种在他们的庭院里。

我被植物育种家培育出了多种不同颜色的单瓣花和重瓣花品种，风信子家族因此不断壮大。

20世纪之前，我就已经在风信子爱好者的帮助下走遍欧洲。如今，我的足迹已遍布全世界，园艺品种有2000多种。

能够获得人们的喜爱并走遍世界，还有一个原因是我很好养活。

我不仅能依靠种子繁殖，也能依靠鳞茎繁殖。

鳞茎的鳞叶贮藏着丰富的营养和水分，在适宜的条件下，顶芽或腋芽可以发育成地上的花茎。

我的鳞茎常常被学校用于为孩子们展示植物生根发芽过程的教具。

这是洋葱的鳞茎的侧切面和横切面。

鳞茎和块茎类似，也是植物用于繁殖的器官，你们常吃的洋葱就是鳞茎。

一个装满水的玻璃器皿就足够我抽枝散叶了。透过玻璃瓶，你们可以看到我的鳞茎在水中越长越长的白色须根。

我的种子也能繁殖，只是需要培养很久很久才能开花。

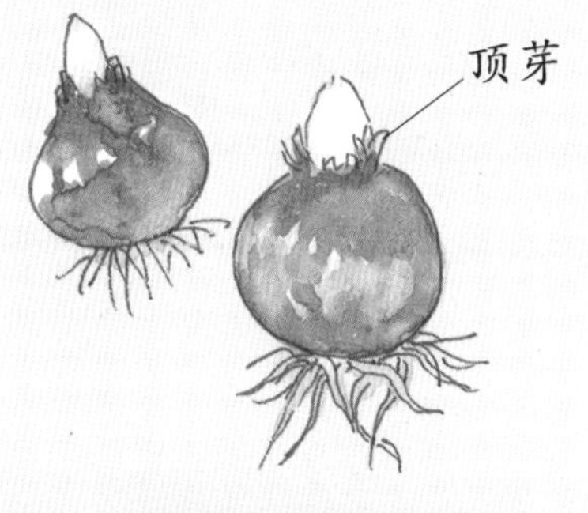

看，这颗鳞茎长出了顶芽。

我通过须根吸收水里的营养物质。

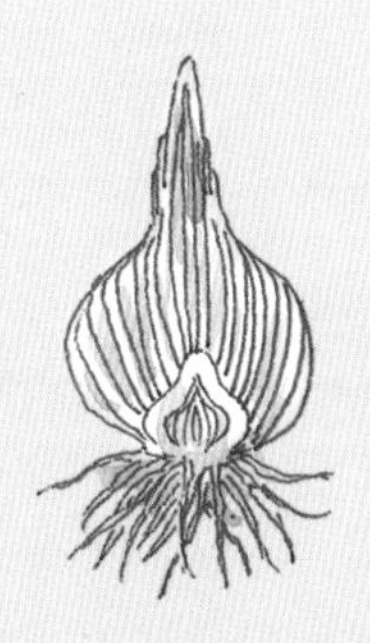

我的鳞茎可以被一层一层地剥开，就像剥一颗洋葱一样。

不过你最好别剥开我的鳞茎，因为它有毒性。

一个辣椒的远洋旅行

辣椒

- 一年生草本植物
- 又叫牛角椒、长辣椒、菜椒、灯笼椒
- 常见食材，既不耐旱也不耐涝，喜欢比较干爽的环境

我是辣椒，一种能刺激感官、让人产生痛觉的食材。

因为我的祖先进化出了辣椒素，所以除了鸟类几乎没有动物敢吃我。鸟类不会咀嚼食物，我的种子能完好无损地被传播到远方。

数千年前，玛雅人就已经把我作为菜肴和重要的调味品了，还培育出了一些新的食用品种。

500 多年前，我又迎来了一次命运的转折。

哥伦布发现美洲大陆，他收集了我的种子，并带回了欧洲。

然而，最初我并没有受到欧洲人的普遍欢迎，仅在地中海地区小范围内被种植。

400 多年前，我的种子经由丝绸之路被带到了中国。

刚到中国时，我被视为奇花异卉，只供观赏。

后来，人们发现了我有驱寒祛湿的作用，便逐渐喜欢上了这种辛辣刺激的体验。

在美洲大陆，我的同胞们也没有停下开枝散叶的脚步。仅在墨西哥一个国家，辣椒就有数百个品种，它们的辣度、颜色、形状各有不同。

如今，我已被全世界人知晓，成为餐桌上最常见的食材之一。

玉米的环球之旅

玉米

- 一年生草本植物
- 又叫苞米、棒子、玉蜀黍
- 耐旱、耐贫瘠，适应环境的能力很强，是世界重要的粮食作物

我是玉米，来自美洲。我曾经是印第安人的主要食物，他们种植玉米的历史已有 3500 年。

1492 年，哥伦布来到美洲大陆，随后将我的种子带走。

1493 年，哥伦布回到西班牙，他将一包金黄的玉米粒献给了西班牙国王。从此，我开始被好奇的人们在西班牙种植。

我传入中国的时间是明朝时期，我被当时的人们称为“西番麦”“西天麦”。

我的生长周期短、产量高、价格低廉，在走南闯北的过程中影响力不断扩大，逐渐成为全世界的重要粮食作物。

在我的故乡，玉米有了非常多的品种，人们制作的玉米食品的种类也数不胜数。

带着温暖的远行

棉花

- 一年生或多年生草本植物或灌木
- 又叫棉纤维
- 既是重要的纺织类作物，也是很漂亮的插花植物

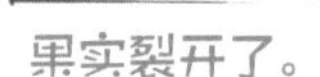

棉花被摘走了。

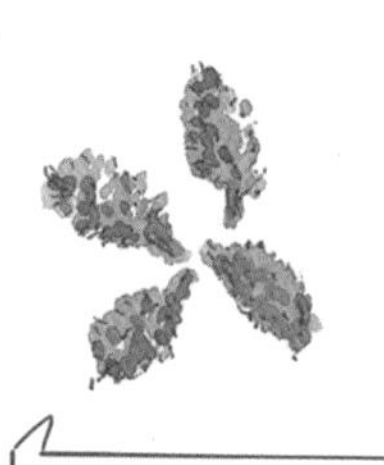

我的种子包裹在棉絮里。

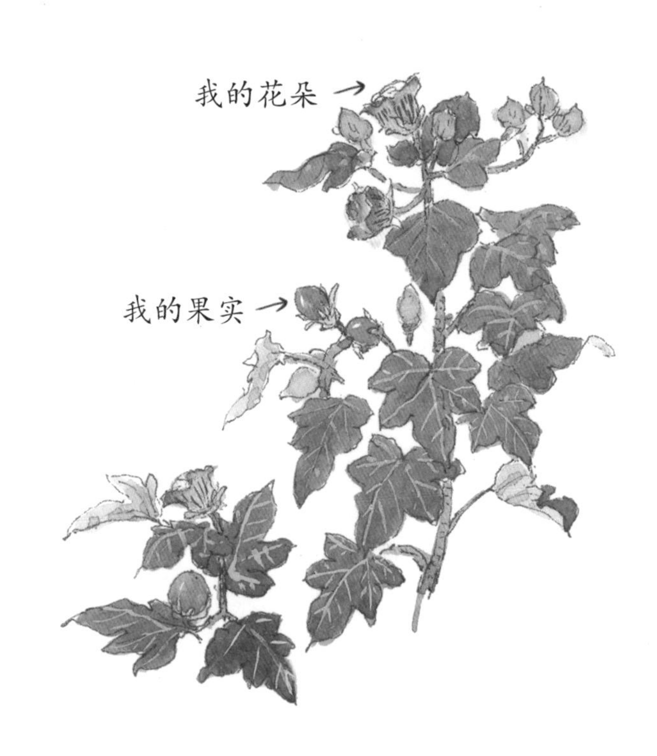

我是棉花，制作棉质布料的原料就是我。

人类制作棉线利用的是我种子上的棉毛，而它们原本的任务是带着种子们漂洋过海或飞到远方。

棉毛天生耐盐水的腐蚀，落到海上后，它们会把自己团成一团随水流漂荡，或附着在浮木上随洋流漂到另一块陆地。

人类改良了我，能长出的棉花变多了。

作为观赏植物也更好看了。

我国史书最早记述古人穿着棉织品的时间是南朝梁时期，距今已有 1500 年左右的历史了，不过当时我国还没有普遍种植棉花。直到元朝（1206—1368）时，棉花才被我国人民大范围种植。

中国棉纺织业的发展离不开一位伟大的女性——黄道婆。她不仅对当时的棉花种植起到了推动作用，还改良了棉纺织技术，使纺织工效提高了好几倍。

现在，中国已成为世界上最大的棉花生产国之一，棉质的衣物走进千家万户。

入侵吧，没有天敌

豚草

- 一年生草本植物
- 又叫艾叶、破布草
- 是浅根系植物，不能吸取土壤深层的水分，在湿润地区密集成片生长

我是豚草，来自北美洲。

20 世纪 30 年代，我的种子偶然来到了中国。经过短暂的适应后，我很快就在缺乏天敌的环境中疯狂生长，而后被他们列入《中国第一批外来入侵物种名单》。

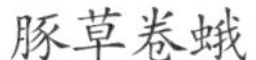

豚草卷蛾

广聚萤叶甲

植物的天敌通常是病原体、捕食者、寄生虫等。

我的天敌是豚草卷蛾、广聚萤叶甲，但它们最初并没有出现在我的生活环境中。

于是，我肆无忌惮地阻塞水道，危害农业生产，甚至损害人体健康。

我在生长时，会在土壤中释放分泌物来抑制周边植物的生长，减少当地植物的多样性。我甚至能导致种植玉米、大豆、向日葵等农作物的田地大面积荒芜。

散播种子、成片生长、适应能力强是我生存的本能，人类无意地携带或者有意地引进都是对我的帮助。

一株豚草通常能产生上万粒种子，种子四处传播，之后便在路旁、水沟旁、荒地里、河岸上、田间地头、院落深处等等它们能到达的地方扎根、生长。

我威胁农作物生长，农民对我讨厌至极。

疯狂的入侵物种

空心莲子草

- 多年生草本植物
- 又叫喜旱莲子草
- 生长在低海拔、气候暖湿的地区，池沼、水沟内很常见

我是空心莲子草，来自南美洲，已经被中国人列为入侵物种。

冰天雪地里，烈日骄阳下，我都能生存。

即便面对贫瘠的土壤或干旱的环境，我也不介意。

哪怕有人将我连根拔起晒几天，只要没腐烂，一旦接触土壤或水分，我依旧能存活。

我既能水生，又能陆生，可以利用茎和根进行无性繁殖。

我的入侵会导致本土的物种多样性快速下降，生态平衡遭到破坏。

我的入侵给农业灌溉、水产养殖、粮食运输等方面造成了巨大损失。

水葫芦

- 多年生水生草本植物
- 又叫凤眼莲、水浮莲
- 有一定的耐寒能力，在海拔 200 — 1500 米的水塘、沟渠及稻田中生长

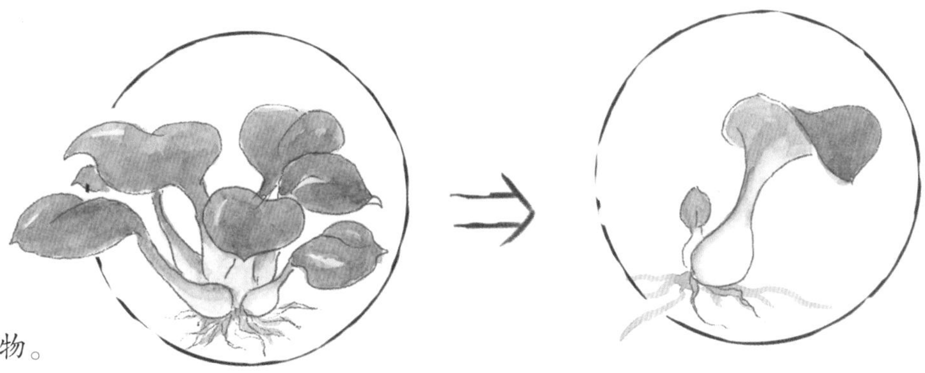

由于我的花朵漂亮，我也被当作观赏植物。

我是水葫芦，因为强大的繁殖能力也被列为入侵物种。

但我并非全无好处，我的全株可以用作家畜的饲料，嫩叶和叶柄可以当作蔬菜。

春夏之际，我的匍匐茎和母株会分离，不久便能长成新植株。

匍匐茎是沿地面生长的茎。茎上有节，每个节上可以长出叶、芽和不定根。匍匐茎与整体分离后能长成新的个体。

在自然规律下，植物的“扩张”速度不会太快。

在一定的区域内，物种间会通过互惠、竞争等相互作用形成平衡的生态环境。即使植物有高超的种子传播技巧，这种平衡也不会被轻易打破。

但在人为干扰下，物种间的循环链条会被打断，生态就会失衡，这种失衡一环扣一环，影响深远。

图书在版编目（CIP）数据

植物的旅行——种子 / 恐龙小Q少儿科普馆编. — 长春：吉林美术出版社，2022.2
（小学生趣味大科学）
ISBN 978-7-5575-7007-1

Ⅰ. ①植… Ⅱ. ①恐… Ⅲ. ①种子－少儿读物 Ⅳ. ①Q944.59-49

中国版本图书馆CIP数据核字(2021)第210633号

XIAOXUESHENG QUWEI DA KEXUE
小学生趣味大科学
ZHIWU DE LÜXING ZHONGZI
植物的旅行 种子

出 版 人　赵国强
作　　者　恐龙小Q少儿科普馆 编
责任编辑　邱婷婷
装帧设计　王娇龙
开　　本　650mm × 1000mm　1/8
印　　张　7
印　　数　1—5,000
字　　数　100千字
版　　次　2022年2月第1版
印　　次　2022年2月第1次印刷

出版发行　吉林美术出版社
地　　址　长春市净月开发区福祉大路5788号
邮政编码　130118
网　　址　www.jlmspress.com
印　　刷　天津联城印刷有限公司

书　　号　ISBN 978-7-5575-7007-1
定　　价　68.00元

恐龙小 Q

恐龙小 Q 是大唐文化旗下一个由国内多位资深童书编辑、插画家组成的原创童书研发平台，下含恐龙小 Q 少儿科普馆（主打图书为少儿科普读物）和恐龙小 Q 儿童教育中心（主打图书为儿童绘本）等部门。目前恐龙小 Q 拥有成熟的儿童心理顾问与稳定优秀的创作团队，并与国内多家少儿图书出版社建立了长期密切的合作关系，无论是主题、内容、绘画艺术，还是装帧设计，乃至纸张的选择，恐龙小 Q 都力求做到更好。孩子的快乐与幸福是我们不变的追求，恐龙小 Q 将以更热忱和精益求精的态度，制作更优秀的原创童书，陪伴下一代健康快乐地成长！

原创团队

创作编辑：狸　花
绘　　画：欧先增
策 划 人：李　鑫
艺术总监：蘑　菇
统筹编辑：毛　毛
设　　计：王娇龙　乔景香